这本书属于

____

BAOZI DE SHENSHANG YOU JI GE DIAN ?
豹子的身上有几个点？

出版统筹：汤文辉　　责任编辑：吕瑶瑶　霍　芳
品牌总监：耿　磊　　助理编辑：孙金蕾
选题策划：耿　磊　　美术编辑：卜翠红　刘冬敏
版权联络：郭晓晨　张立飞　　营销编辑：钟小文
责任技编：王增元　郭　鹏

How Many Spots Has a Cheetah Got?
Written by Steve Martin
Illustrated by Amber Davenport
Edited by Susannah Bailey
Designed by Jack Clucas
Cover Design by John Bigwood
Some material in this book was taken from a title previously published by Buster Books: Numberland: The world in over 2000 facts and figures

First published in Great Britain in 2020 by Buster Books, an imprint of Michael O'Mara Books Limited, 9 Lion Yard, Tremadoc Road, London SW4 7NQ

A CIP catalogue record for this book is available from the British Library

著作权合同登记号桂图登字：20-2021-110 号

图书在版编目（CIP）数据

豹子的身上有几个点？ /（英）史蒂夫·马丁著；（英）安珀·艾文波特绘；王扬译. —桂林：广西师范大学出版社，2021.3
书名原文: How Many Spots Has a Cheetah Got?
ISBN 978-7-5598-3518-5

Ⅰ. ①豹… Ⅱ. ①史… ②安… ③王… Ⅲ. ①豹－少儿读物 Ⅳ. ①Q959.838-49

中国版本图书馆 CIP 数据核字（2021）第 011992 号

广西师范大学出版社出版发行
（广西桂林市五里店路 9 号　邮政编码：541004
网址：http://www.bbtpress.com）
出版人：黄轩庄
全国新华书店经销
北京博海升彩色印刷有限公司印刷
（北京市通州区中关村科技园通州园金桥科技产业基地环宇路 6 号　邮政编码：100076）
开本：889 mm × 1 194 mm　1/16
印张：6.5　　字数：80 千字
2021 年 3 月第 1 版　　2021 年 3 月第 1 次印刷
定价：88.00 元

豹子的身上有几个点？

[英] 史蒂夫 · 马丁 著

[英] 安珀 · 艾文波特 绘　　王扬 译

GUANGXI NORMAL UNIVERSITY PRESS
广西师范大学出版社
· 桂林 ·

目录

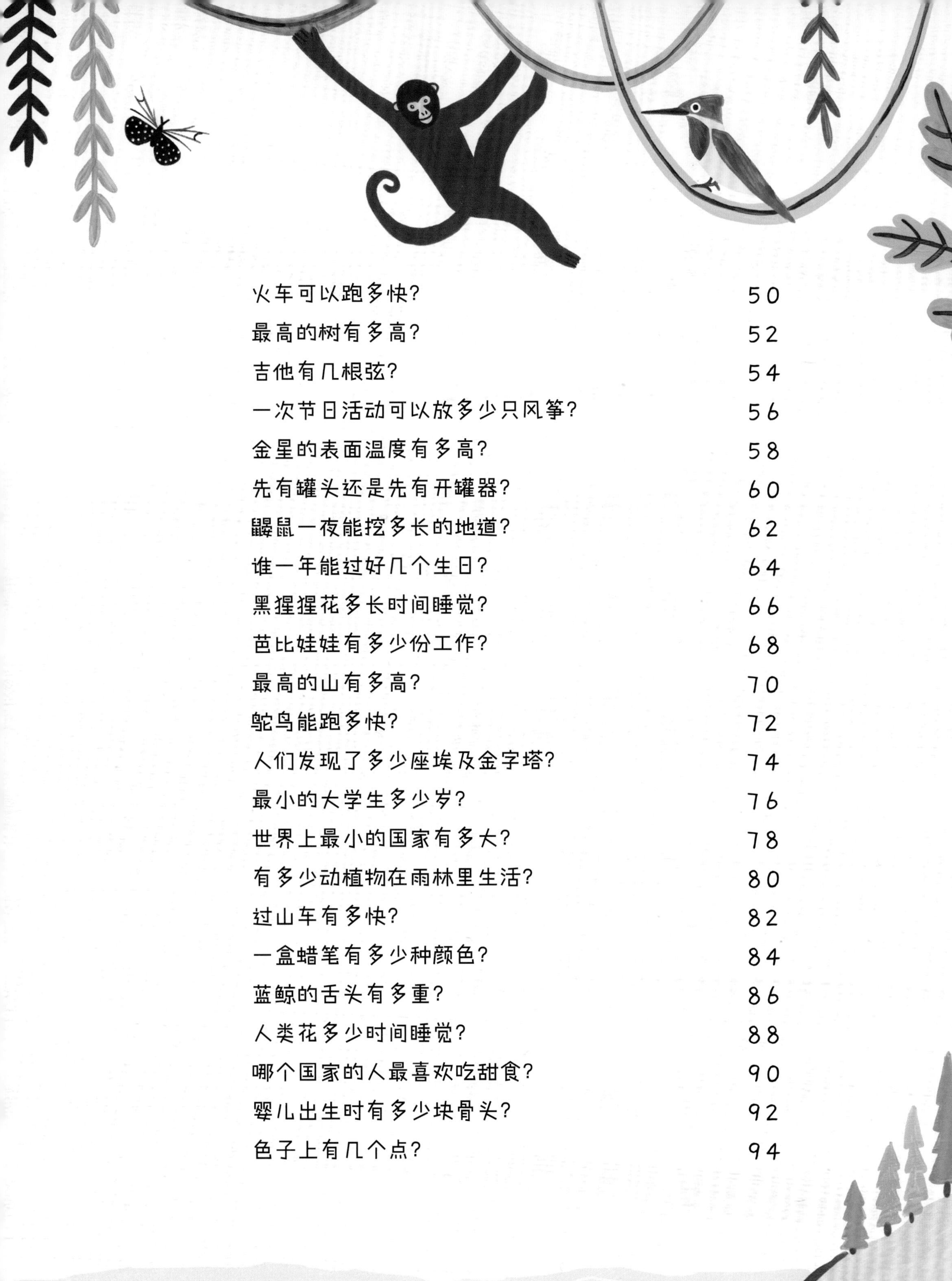

序

这本书将会告诉你各种**神奇的数字**和

有趣的事实，你准备好了吗？

1亿6 000万

恐龙在地球上生活了

约1亿6 000万年。

20

老鼠每天能吃20顿饭。

8

大多数蜘蛛有8只眼睛。

这本书会通过列举数字，选取有趣的信息，把从恐龙到老鼠、从海洋深处到外太空各个角落的有趣信息呈现给你。无论翻开哪一页，你都会有神奇的新发现，这些新发现会让你感觉身边的世界大不一样。

快来读这本书，
发现更多你不知道的数字事实吧！

2

英国女王每年可以过2次生日（一次是她真正的生日，一次是官方的生日）。

大熊猫宝宝有多重？

刚出生的大熊猫宝宝的平均体重大约为100克，相当于两个网球的重量。

8

刚出生的蓝鲸宝宝可以有8米长。

20万

企鹅宝宝跟它们的爸爸妈妈一起在企鹅族群里生活。一个族群最多有20万只企鹅。企鹅们就算分开，企鹅爸爸和企鹅妈妈也能找到自己的孩子。

6

红毛猩猩可以在妈妈身边
待到6岁。

3

皱鳃鲨怀孕的时间可以长达
3年以上。

100

小家鼠1年可以生大约
100个宝宝。

走路去月球要走多久？

9

以每小时4.8千米的速度走路去月球，大约需要走9年。

296

月亮上最大的陨石坑直径为296千米。

27.3

月球绕地球1圈大约需要27.3天。

2

由于月亮对海水的影响，地球上的海洋每天都会涨潮2次。

46亿

月球大约在46亿年前形成。

1

第1个登上月球的人说的第1句话是“这是我个人的一小步，却是人类的一大步”。

49

49个月球就可以装满地球。

豹子的身上有几个点？

1200

豹子身上的点可达1 200个。

80

美洲豹能捕食80多种不同的动物。

15

雪豹能跳15米远。

0

世界上有多少只条纹相同的老虎?
答案是0。

8

狮子的吼叫声可以传到8千米以外。

5

有5种确实体型很大的大型
猫科动物——狮子、老虎、
花豹、雪豹和美洲豹。

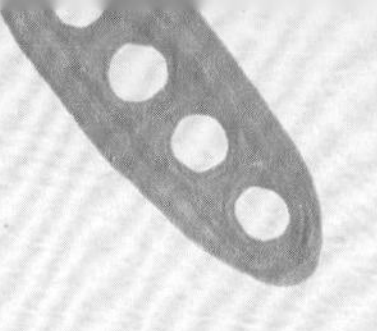

机器人可以跑多快？

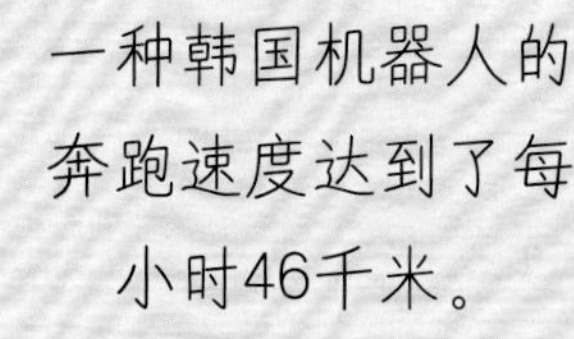

46

一种韩国机器人的奔跑速度达到了每小时46千米。

1

名叫“I-Fairy”的机器人是世界上第1个主持婚礼的机器人。

3

乐高机器人“Cubestormer 3”只需要约3秒钟，就可以解开三阶魔方。

2020

运动型机器人“CUE3”连续完成了2020次完美投篮。

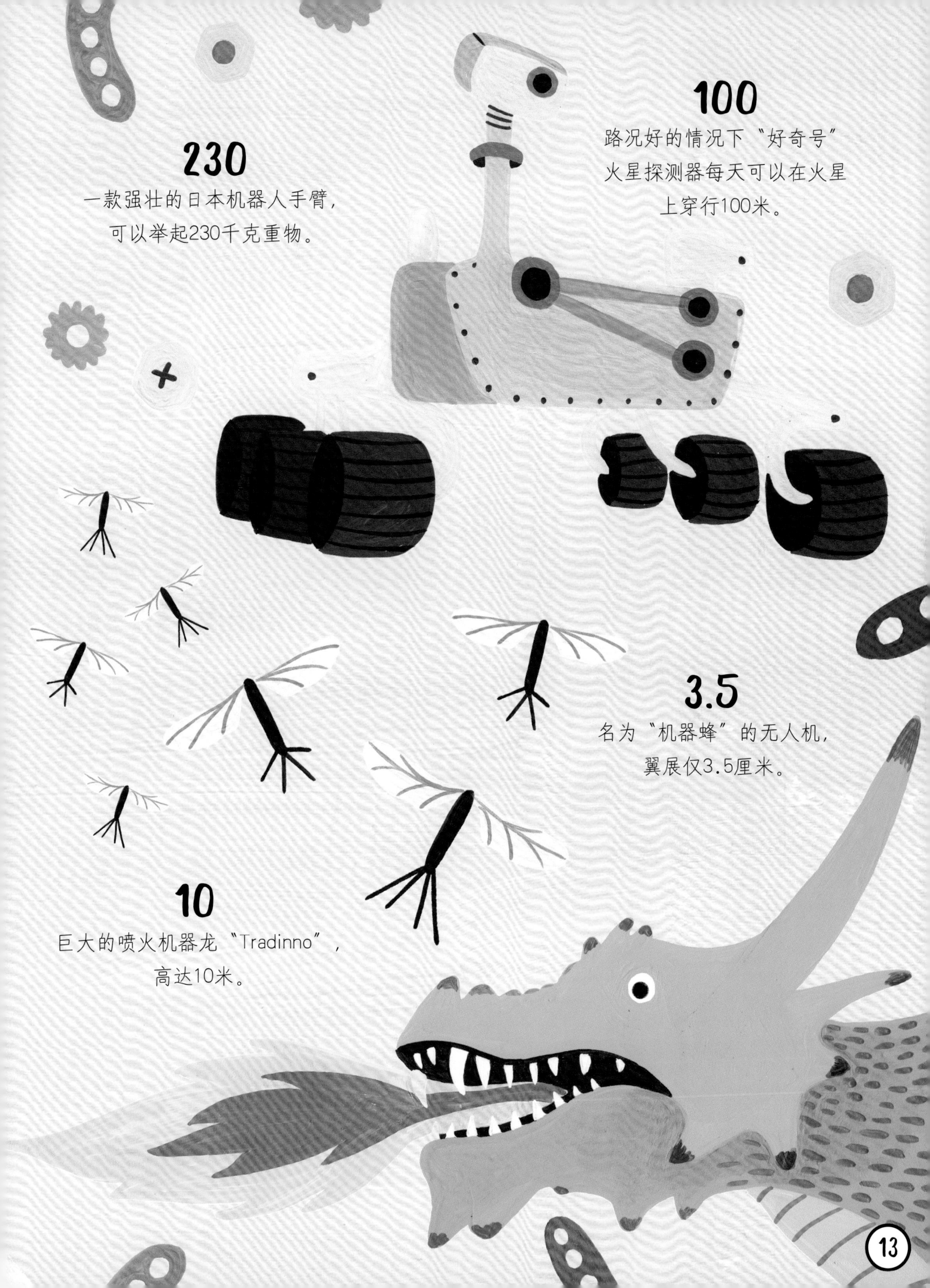
230
一款强壮的日本机器人手臂，
可以举起230千克重物。
100
路况好的情况下“好奇号”
火星探测器每天可以在火星
上穿行100米。
3.5
名为“机器蜂”的无人机，
翼展仅3.5厘米。
10
巨大的喷火机器龙“Tradinno”，
高达10米。

恐龙生活的年代离现在有多远？

6 500万

恐龙最后生活的年代距离现在约6 500万年。

80

剑龙的大脑只有约80克重，大小跟核桃差不多。

60

霸王龙的血盆大口里大约有60颗又长又尖的牙齿。

1 500

腕龙每天可以吃掉
1 500千克食物。

90

腕龙的体重
可达90吨。

40

伶盗龙能以每小时40千米
的速度追赶猎物。

1亿6 000万

恐龙在地球上生活了
约1亿6 000万年。

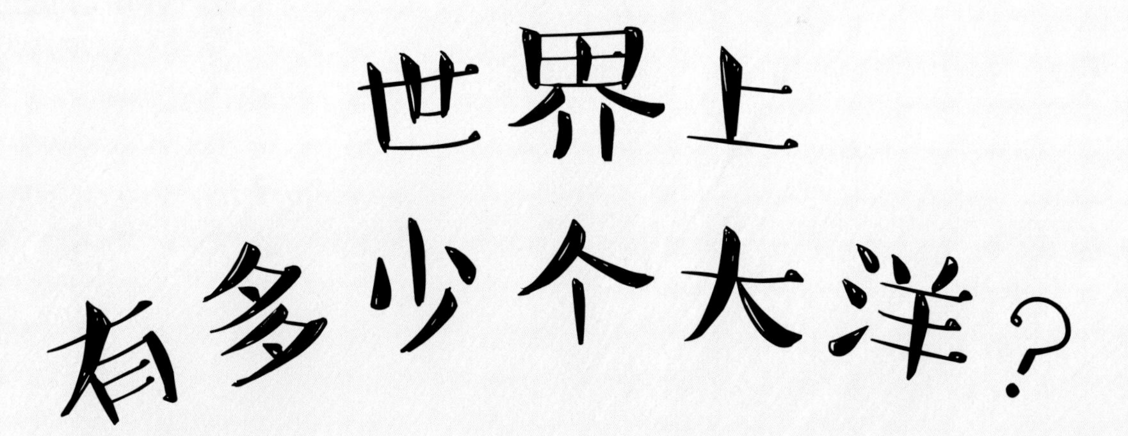

世界上有多少个大洋？

4

全世界共有4个大洋——太平洋、大西洋、印度洋和北冰洋。

332

目前在有装备的情况下，人类最深的潜水记录为332米。

71

地球表面有71%的面积被海洋覆盖。

5

人类只探索了世界上大约5%的海洋。

7

位于中东的死海，含盐量是一般海水的7倍。这样的含盐量让人们可以轻易地浮在湖面上。

80

世界上80%的火山爆发都发生在海底。

400

在位于澳大利亚的大堡礁上，人们发现了400多种珊瑚礁。

11

已知海洋最深处深度约为11千米。

维京人
多久洗一次澡？

60

一条维京长船可承载
60名战士。

500

在哥伦布发现美洲之前500年，
维京人就已经驾船来到了
美洲。

300

1066年，300条维京长船满载着战士
前往英国作战。后来幸存者返航时
只用了24条长船。

0

尽管电影和绘画作品里经常会
画上角，但实际上维京人的
头盔上有0根角。

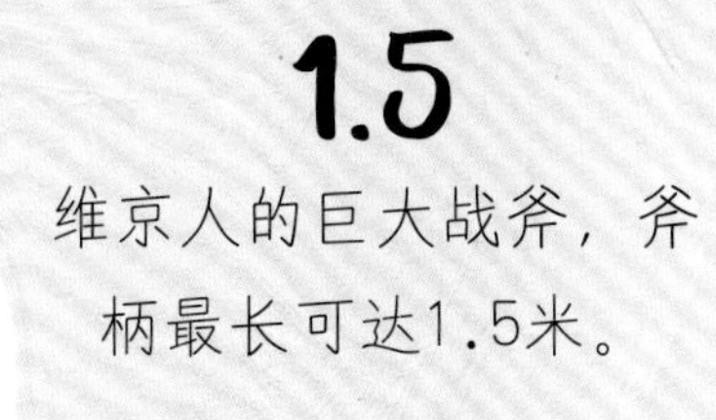

1.5

维京人的巨大战斧，斧
柄最长可达1.5米。

24

维京人的字母表被称为如尼
字母表，总共有24个字母。

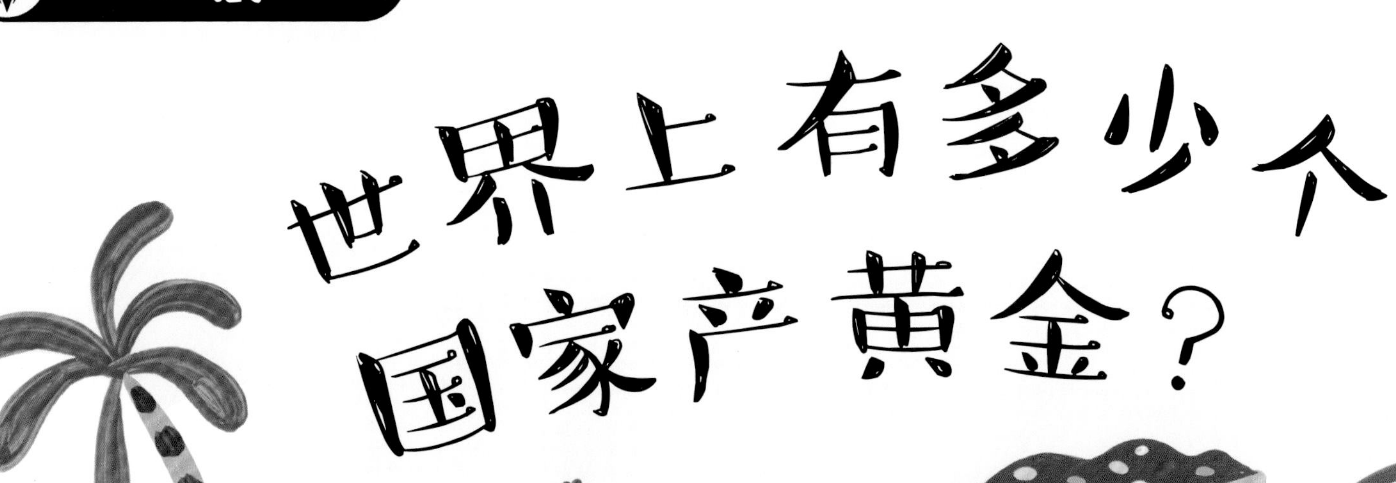

世界上有多少个国家产黄金？

47

目前全世界开采的黄金中，大约47%都被制成了饰品。

80

目前全世界有80多个国家是黄金生产国。

5030万

瑞士日内瓦一家拍卖行以破纪录的5030万瑞士法郎，拍出了一颗罕见的粉色钻石。

1

美国有1座钻石矿公园，允许你亲自在里面挖掘1天，并可以保留自己挖到的东西。

190 000

目前人类已经开采了约190 000吨黄金。

3 000

英国女王加冕时戴的那顶王冠上有3 000多颗宝石。

企鹅住在哪儿？

9 000

大约有9 000只处在繁殖期的企鹅生活在南极阿德雷岛。

2

南极洲的冰盖（覆盖该地区的冰层）平均厚度为2千米。

1039万

截至2006年，北极地区约有1039万人定居。南极地区有0人定居。

3

北极熊一共有3个稳定的栖息地：楚科奇海、西哈得孙湾和南哈得孙湾。

22 000

在南极洲，人们发现了约22 000块陨石（来自太空的岩石）。

7.3

南极风速可达每秒7.3米。

8

8个国家的部分地区位于北极圈内——挪威、冰岛、瑞典、芬兰、俄罗斯、丹麦（格陵兰岛）、加拿大和美国（阿拉斯加州）。

白金汉宫里有多少间浴室？

78

英国的白金汉宫里
有78间浴室。

4

意大利比萨斜塔目前的
倾斜度大约是4度。

14

美国帝国大厦从动工到
完成，只用了14个月。

130

西班牙的圣家族大教
堂从动工到现在已经
过去了130多年，至今
尚未完工。

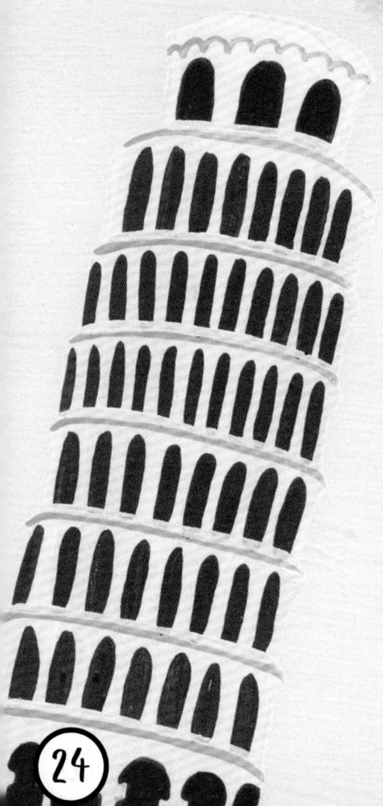

20 000

印度泰姬陵由大约20 000名工人建造完成。

60

每7年埃菲尔铁塔就需要重新粉刷，一次大约需要用掉60吨防腐涂料。

100万

悉尼歌剧院的屋顶使用了超过100万块特制乳白色瓷砖。

828

目前世界上最高的建筑是迪拜的哈利法塔，高度为828米。

云彩有多重？

500

南美洲阿塔卡马沙漠的一块区域曾连续500年没有下过雨。

500 000

一片积雨云的平均重量为500 000千克。

100

平均每秒钟都会有100次闪电击中地球。

15

雪花的最大等效水滴的直径可达15毫米。

24

在北极圈内，夏天会出现每天24个小时都是白天的现象，冬天会出现每天24个小时都是夜晚的现象。

1100

平均每年有1100多次龙卷风袭击美国。

2

同一个地方可以同时形成2道彩虹。当这种情况发生时，它们的颜色次序是相反的。

一个蚁群里有多少只蚂蚁？

3亿700万

迄今为止人们发现的最大的蚁群有3亿700万只蚂蚁，其中包括3亿600万只工蚁和100万只蚁后。

5 000

一只瓢虫一生中可以吃掉5 000只昆虫。

58

澳大利亚蜻蜓的最高飞行速度记录是每小时58千米。

8

大多数蜘蛛都有8只眼睛。

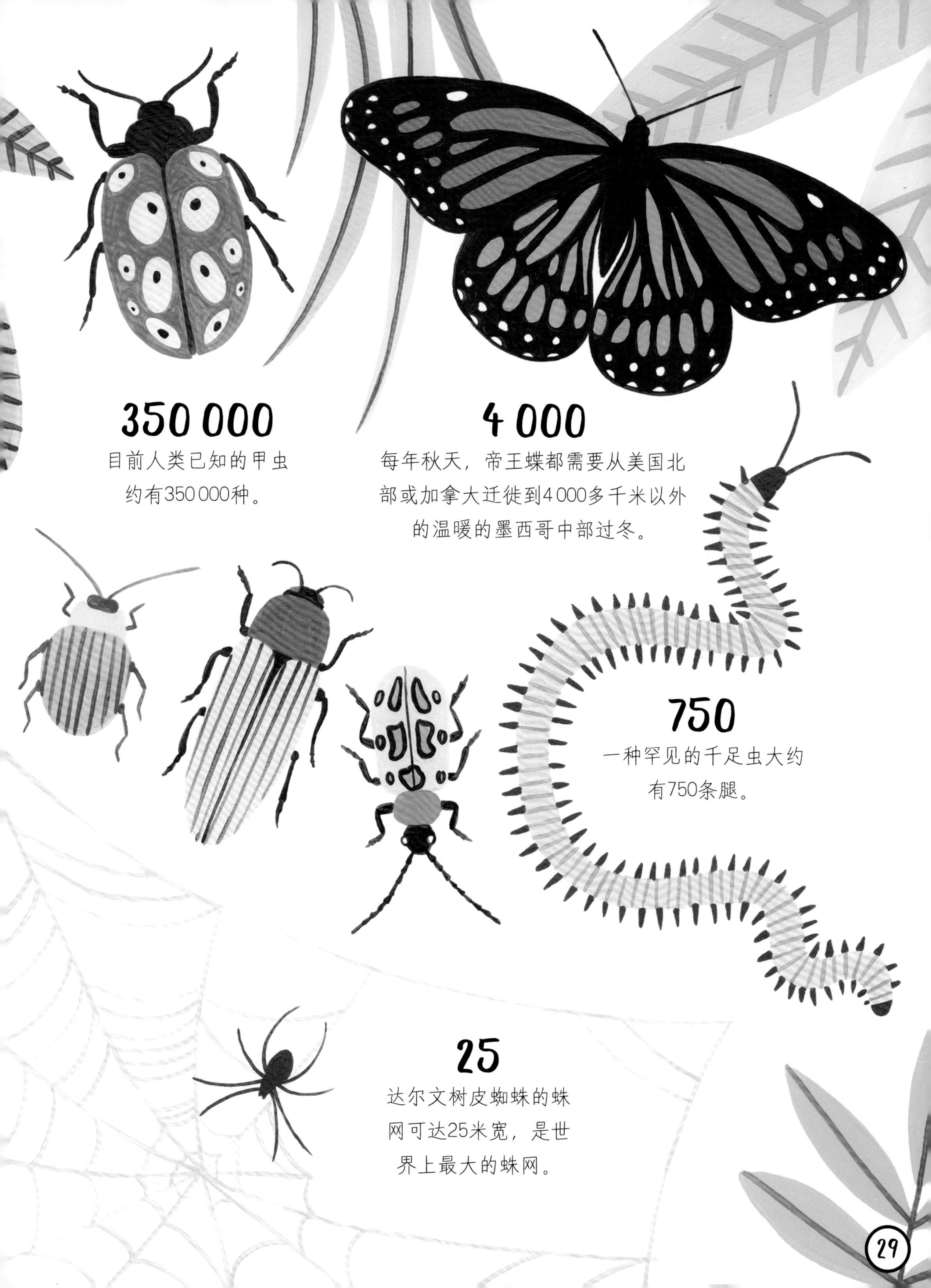

350 000

目前人类已知的甲虫约有350 000种。

4 000

每年秋天，帝王蝶都需要从美国北部或加拿大迁徙到4 000多千米以外的温暖的墨西哥中部过冬。

750

一种罕见的千足虫大约有750条腿。

25

达尔文树皮蜘蛛的蛛网可达25米宽，是世界上最大的蛛网。

仓鼠可以跑多远？

9

仓鼠一个晚上可以在轮子上跑9千米。

40

狗的嗅觉细胞数量大约是人类的40倍。

6

猫可以跳过相当于自己身体6倍长的距离。

0

金鱼有0个胃，0张眼皮。

14
豚鼠有14个脚趾——每只前脚
有4个，每只后脚有3个。
50
很多鹦鹉可以活到50岁，
有的甚至能够活到100岁。
20
兔子耳朵可以长达20厘米。
20
老鼠每天能吃20顿饭。

蜜蜂有多少只眼睛？

5

蜜蜂有5只眼睛——2只复眼，3只单眼。

14 000

蜂鸣声是由于蜜蜂每分钟拍打翅膀约14 000次产生的。

100

离开蜂巢采蜜的蜜蜂，一次可以造访100朵花。

4

蜜蜂有4片翅膀一起扇动，帮助它们飞行。

8

蜜蜂会跳“8”字形的“摇摆舞”。

6

蜜蜂属有6个种，分别为：大蜜蜂、小蜜蜂、东方蜜蜂、西方蜜蜂、黑大蜜蜂和黑小蜜蜂。

60 000

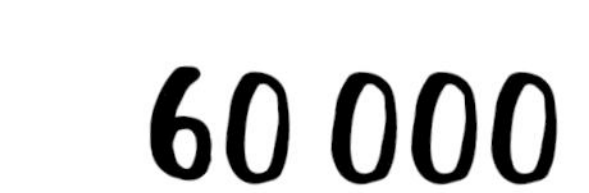

夏天时，一个蜂巢当中可以有60 000只蜜蜂一起生活。

40

一只蜜蜂一次可采40毫克的花蜜。

胡萝卜都是橘黄色的吗？

1100

1100年以前，胡萝卜是紫色和黄色的，而不是橘黄色的。

7500

全世界范围内种植的苹果超过7500种。

2亿1000万

2019年中国生产大米近2亿1000万吨。

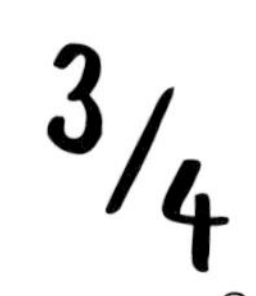

成熟的香蕉的$\frac{3}{4}$是水分。

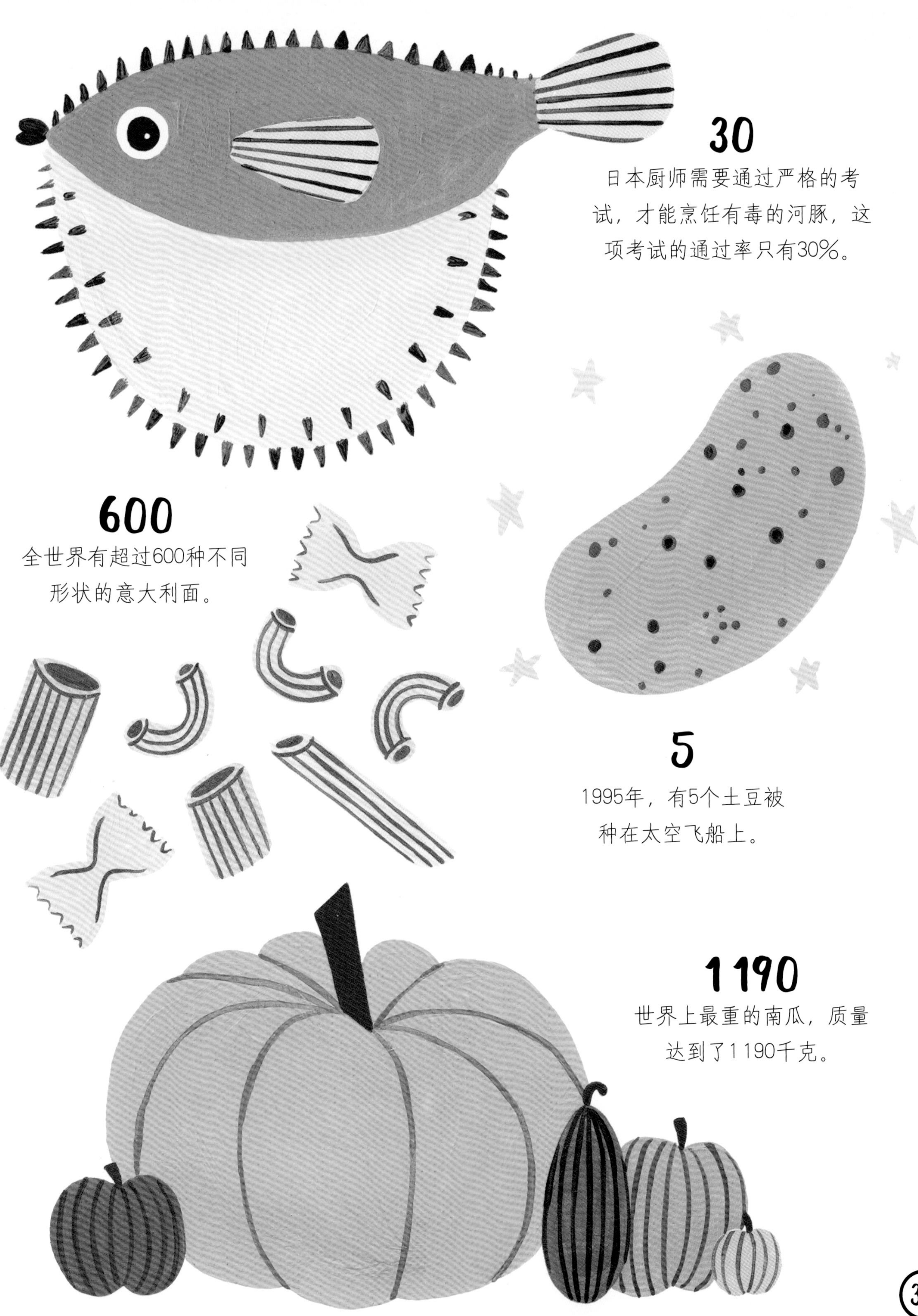

30

日本厨师需要通过严格的考试，才能烹饪有毒的河豚，这项考试的通过率只有30%。

600

全世界有超过600种不同形状的意大利面。

5

1995年，有5个土豆被种在太空飞船上。

1190

世界上最重的南瓜，质量达到了1190千克。

有多少种蛇是有毒的？

430

对人有危险的毒蛇
约有430种。

3 200

地球上有3 200多种蛇。

19

黑曼巴蛇的移动速度可达
每小时19千米。

0

蛇会咀嚼食物0次，
它们只会生吞食物。

500万

在热带国家，每年大约
有500万人被蛇咬伤。

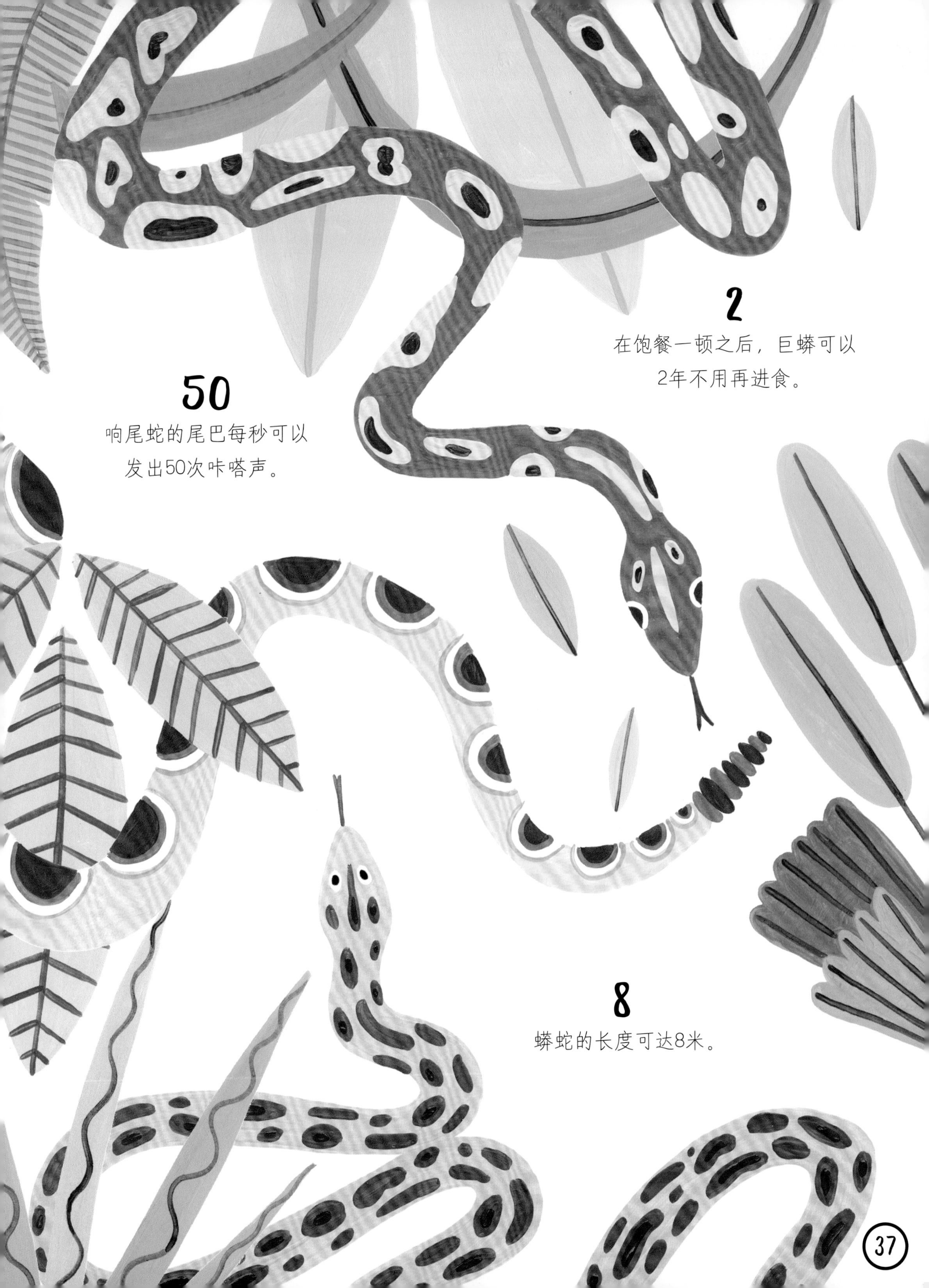

2

在饱餐一顿之后，巨蟒可以2年不用再进食。

50

响尾蛇的尾巴每秒可以发出50次咔嗒声。

8

蟒蛇的长度可达8米。

洞穴
可以有多热？

50

墨西哥水晶洞的洞内温度可
高达50摄氏度以上。

77

瑞士有一道自然风貌的地
下瀑布，高度大约77米。

2

世界上最大的蝙蝠的翼展
可达2米。

5

马来西亚的好运洞可以容
纳5架波音777X喷气式飞
机在洞里一字排开飞行。

45

美国有一个洞穴，每年人们从它里面收集到的动物粪便可达45吨。

25 000

第一次世界大战期间，有25 000名士兵被安置在法国城市的地下洞穴当中。

15 000

法国拉斯科洞窟里有距今大约15 000年的岩画作品。

12

2018年，有12名男孩和1名教练被困在泰国的一个洞穴当中，18天之后他们才被潜水员救了出来。

你的脸上有多少块肌肉？

44

人的脸上约有44块肌肉。

1.5

人的口腔每天可产生1.5升唾液。

1

你身上最小的肌肉——耳朵里的镫骨肌——大约长1毫米。

2

一个人的血管能够绕地球
2圈多。

30

如果一个人活到70岁，他一
生中要吃掉30吨食物，相当
于5头非洲象的重量。

206

一个成年人身上一般有
206块骨头。

250 000

人的脚上总共有250 000个汗腺。

145

打喷嚏时，喷出的气流速度可达
每小时145千米。

当上骑士要花多长时间？

14

成为一名骑士大约要经过14年的训练。

25

一件哥特式铠甲的重量一般在25千克左右。

8

骑士应具备的8种美德——谦卑、重视荣誉、奉献、英勇、怜悯、诚实、公正、忠诚。

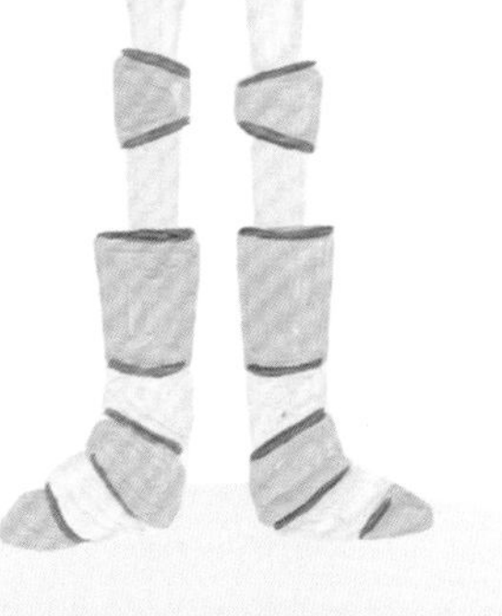

17

圣女贞德原本是农夫的女儿，她在17岁时率领法国军队战胜了英军，成为骑士。

6

一些城堡的城墙，厚度可达6米。

83

宏伟的法国香波城堡，共有83处不同的楼梯。

4

骑士的马上长矛，长度可以超过4米。

跑马拉松要跑多少步？

52 700

全程马拉松平均要跑约52 700步。

6

一块奥运金牌里含有6克黄金。

250

高山速降滑雪的最快纪录约为每小时250千米。

10

体操运动员要在只有10厘米宽的平衡木上完成一系列高难度动作，比如翻跟斗。

115

美国职业篮球联盟（NBA）运动员的平均弹跳高度约为115厘米。

426

打羽毛球时，最快杀球速度为每小时426千米。

2.7

一颗乒乓球的重量为2.7克。

0.4

足球运动员主罚点球时，从起脚到将球射入球网，只需0.4秒。

骆驼不喝水可以活多久？

14

经过良好训练的骆驼可以在不喝水的情况下存活14天。

8

阿根廷一个被父亲弄丢的1岁男孩，在8只野猫的簇拥下保持身体温暖，直至获救。

2

一个瑞典男人被大雪困在车里2个月后获救。

52

一个孤独的苏格兰水手在无人岛上生活了52个月。

4

一个美国女孩在没有心脏的情况下存活了4个月（一台机器帮助她维持生命，直到找到可以移植的心脏）。

2

用2年时间可以教会鹦鹉说自己家的地址。即使逃跑，它也会告诉人们自己原本住在哪里。

7

两个法国人被困在丛林里7个星期，靠吃小动物和植物种子活了下来。

罗马帝国有多少人？

7

罗马城建立在7座山丘上，这样在入侵者到来时人们可以很好地进行防御。

6 500万

在罗马帝国强盛时期，人口可达6 500万。

37

汉尼拔将军曾率领远征罗马大军的重要成员——37头大象，翻越阿尔卑斯山。

25

居住在罗马帝国的人当中，奴隶一度占据总人口的25%。

12

罗马神话中总共有12位主神。

6 000

罗马军团是罗马军队中的战斗单位，一个军团有6 000名士兵。

10 000

庆祝弗拉威姆剧场落成的角斗表演持续了100天，共有10 000多名角斗士和5 000多只野兽参与了表演。

火车可以跑多快？

430

中国上海的磁悬浮列车，
速度可达每小时430千米。

44

巨大的纽约中央车站，
共有44个站台。

3 500

环法自行车赛的平均总
赛程超过3 500千米。

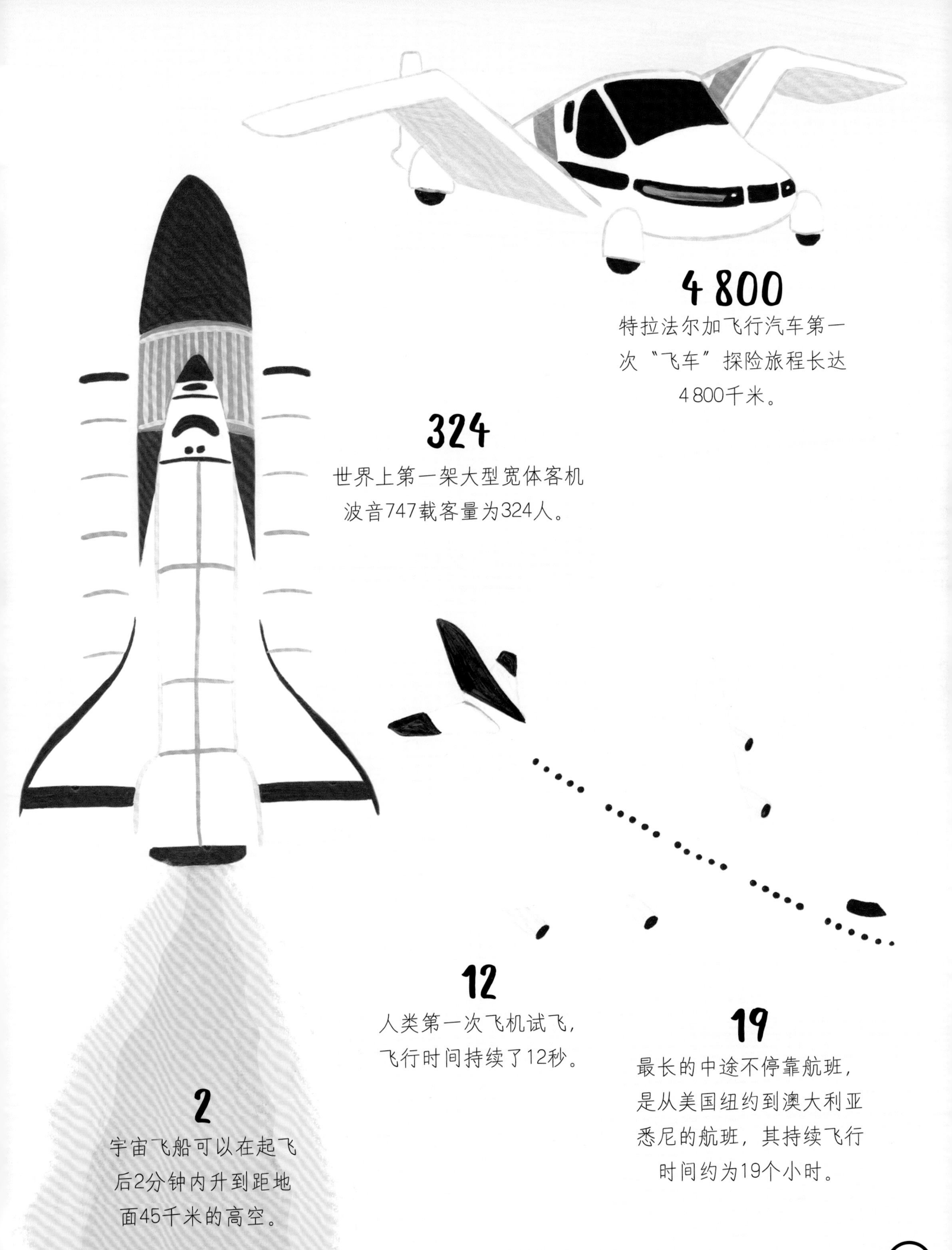

4 800

特拉法尔加飞行汽车第一次“飞车”探险旅程长达4 800千米。

324

世界上第一架大型宽体客机波音747载客量为324人。

12

人类第一次飞机试飞，飞行时间持续了12秒。

19

最长的中途不停靠航班，是从美国纽约到澳大利亚悉尼的航班，其持续飞行时间约为19个小时。

2

宇宙飞船可以在起飞后2分钟内升到距地面45千米的高空。

最高的树有多高？

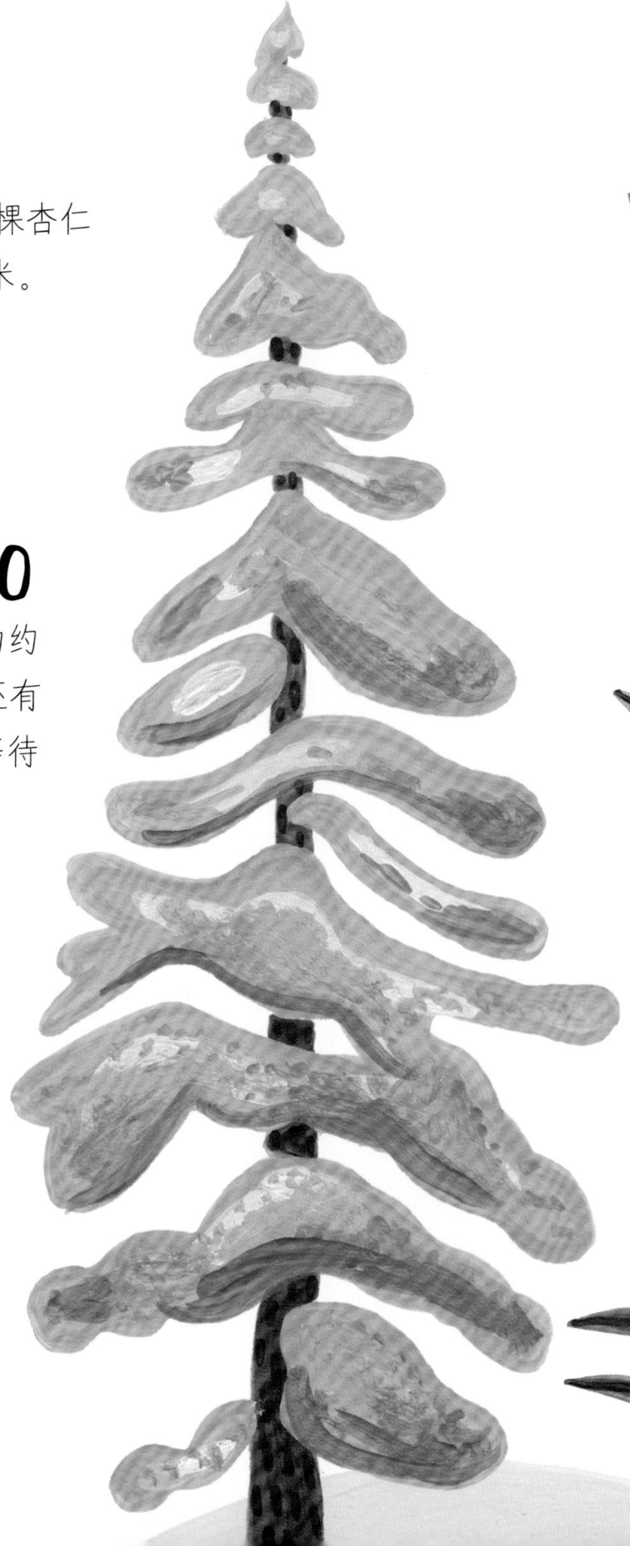

156

现存最高的树是一棵杏仁桉树，高达156米。

400 000

迄今已知的植物约有400 000种，还有更多植物还在等待人们发现。

30 000亿

地球是大约30 000亿棵树的家园。

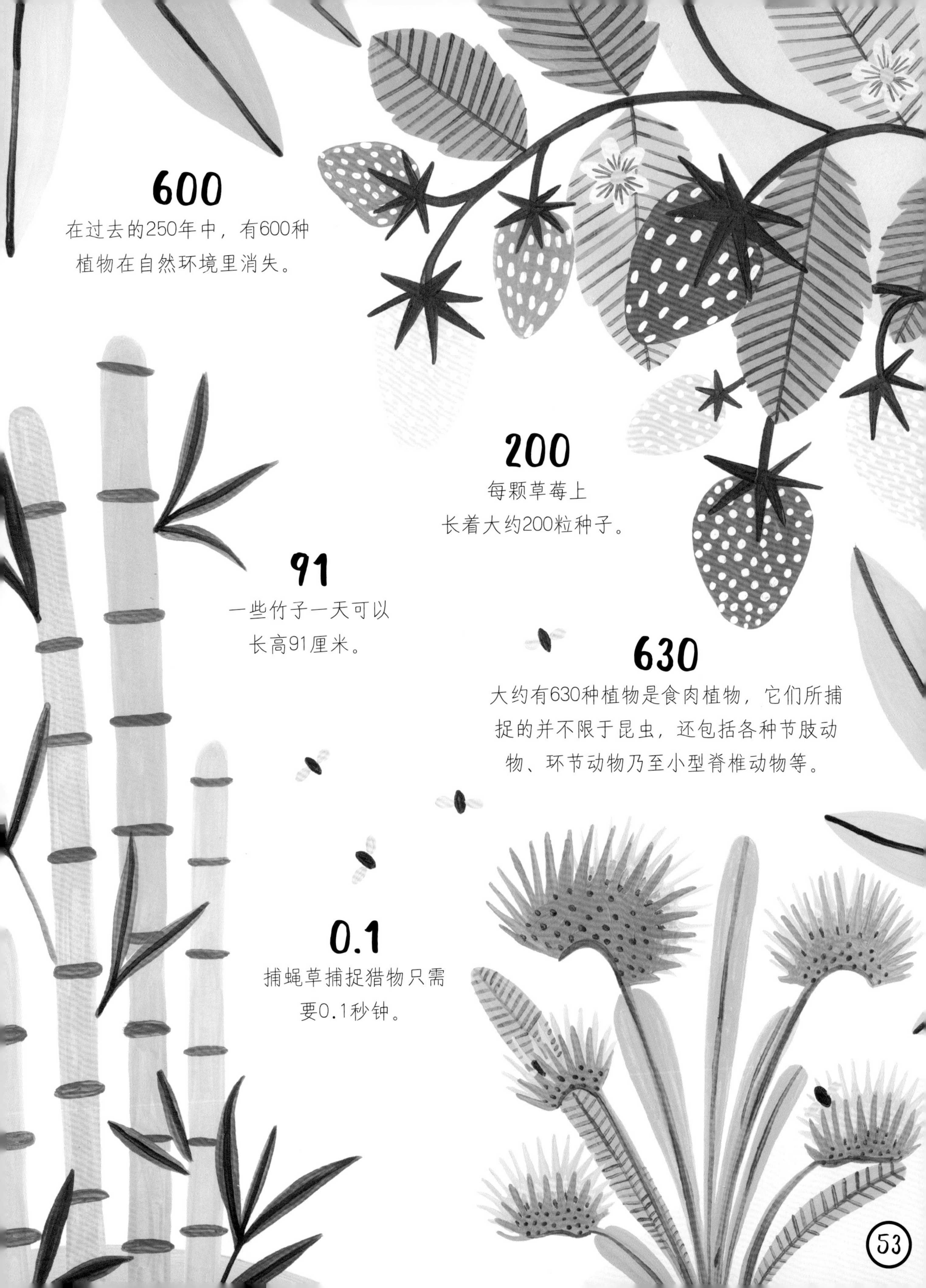

600

在过去的250年中，有600种植物在自然环境里消失。

200

每颗草莓上长着大约200粒种子。

91

一些竹子一天可以长高91厘米。

630

大约有630种植物是食肉植物，它们所捕捉的并不限于昆虫，还包括各种节肢动物、环节动物乃至小型脊椎动物等。

0.1

捕蝇草捕捉猎物只需要0.1秒钟。

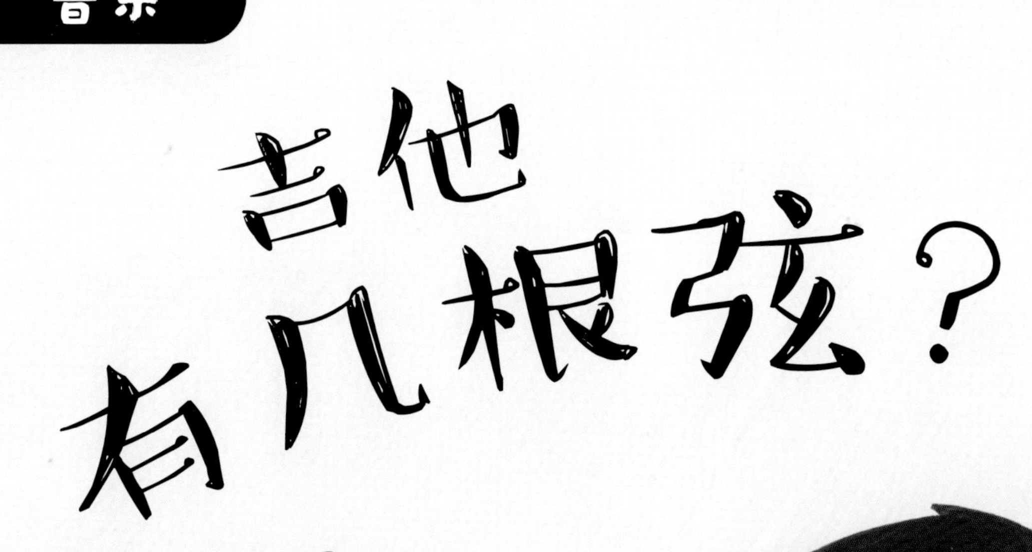

吉他有几根弦？

6

标准的吉他有6根弦，
不过最多可以有12根。

813

世界上最大的架子鼓组
由813件打击乐器组成。

1600万

以比利时小提琴家亨利·维厄当命名的一把小提琴售价约1600万美元。

70

一把小提琴大约由70块不同的零件组成。

4

一支西洋管弦乐队由4组乐器组成——弦乐器、铜管乐器、木管乐器和打击乐器。

88

几乎所有现代钢琴都有88个键。其中有52个白键、36个黑键。

3500

小号被认为是最古老的铜管乐器，它已经有3500多年历史。

一次节日活动可以放多少只风筝？

100万

在一次大型的印度风筝节上，同时放飞的风筝超过100万只。

中国冰雕展上曾制作了一个120米长的冰制大滑梯。

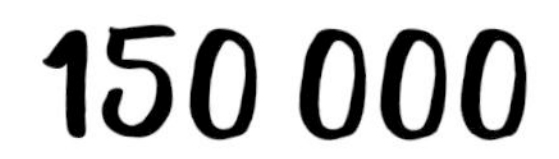

在美国纽约，高峰时有150 000人参加一年一度的圣帕特里克节游行。

20 000

2019年，超过20 000人聚集在西班牙，他们互相丢掷总量约为145吨的西红柿，庆祝一年一度的西红柿大战。

12

中国的生肖由12种动物组成，它们是：鼠、牛、虎、兔、龙、蛇、马、羊、猴、鸡、狗和猪。

1

每年的感恩节，美国总统都会赦免至少1只火鸡。

2 000

2 000多只猴子曾被“邀请”参加泰国一年一度的猴子自助餐节。

200万

韩国的泥巴节上，有200万人会在泥浆里大战。

金星的表面温度有多高？

471

金星的表面温度可以达到471摄氏度。

8

太阳光大约需要8分钟才能到达地球。

110 000

地球绕太阳转动的速度大约为每小时110 000千米。

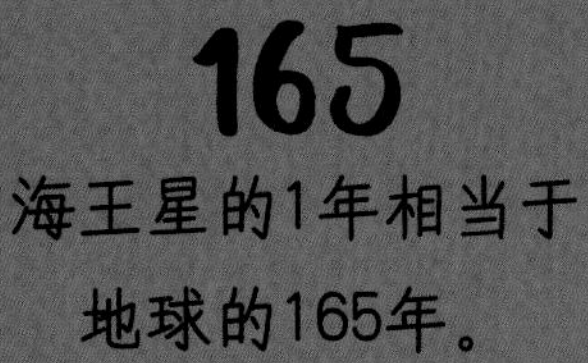

165

海王星的1年相当于
地球的165年。

29

目前已知有29个卫星
环绕着天王星。

1 300

1 300个地球可以
装满木星。

6 500万

太阳的体积是月亮
的6 500万倍。

3 000亿

地球所在的星系——银河系
之中有3 000亿个恒星。

先有罐头还是先有开罐器？

48

在以金属为容器的食物罐头发明出来48年之后，人们才发明了开罐器。

1

世界上第1枚邮票“黑便士”，目前已极其稀有，可以卖到几十万英镑。

6 000

大约在6 000年前，美索不达米亚人做出了世界上第一个轮子。

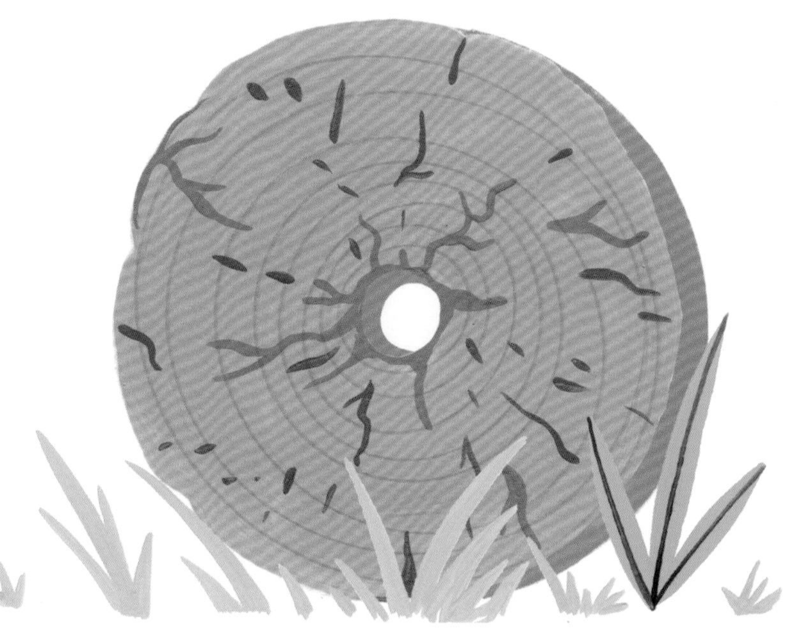

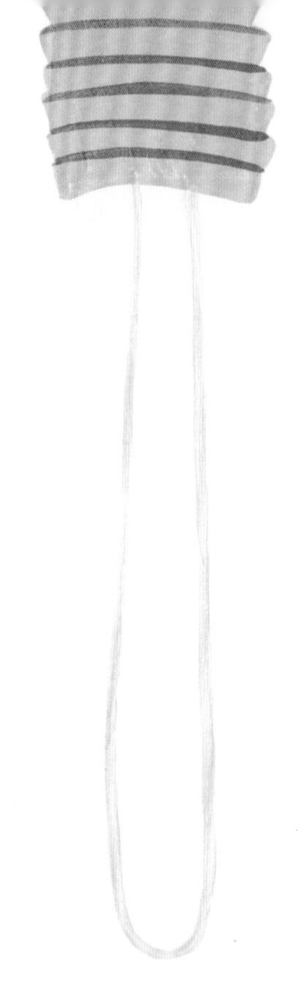

1000

托马斯·爱迪生在尝试了1000多次后，才把白炽灯从实验转变为实用产品并成功推向市场。

1442

约翰内斯·古登堡在大约1442年前发明了第一台印刷机。

16

路易斯·布莱叶在16岁时发明了盲文，让盲人也有机会阅读。

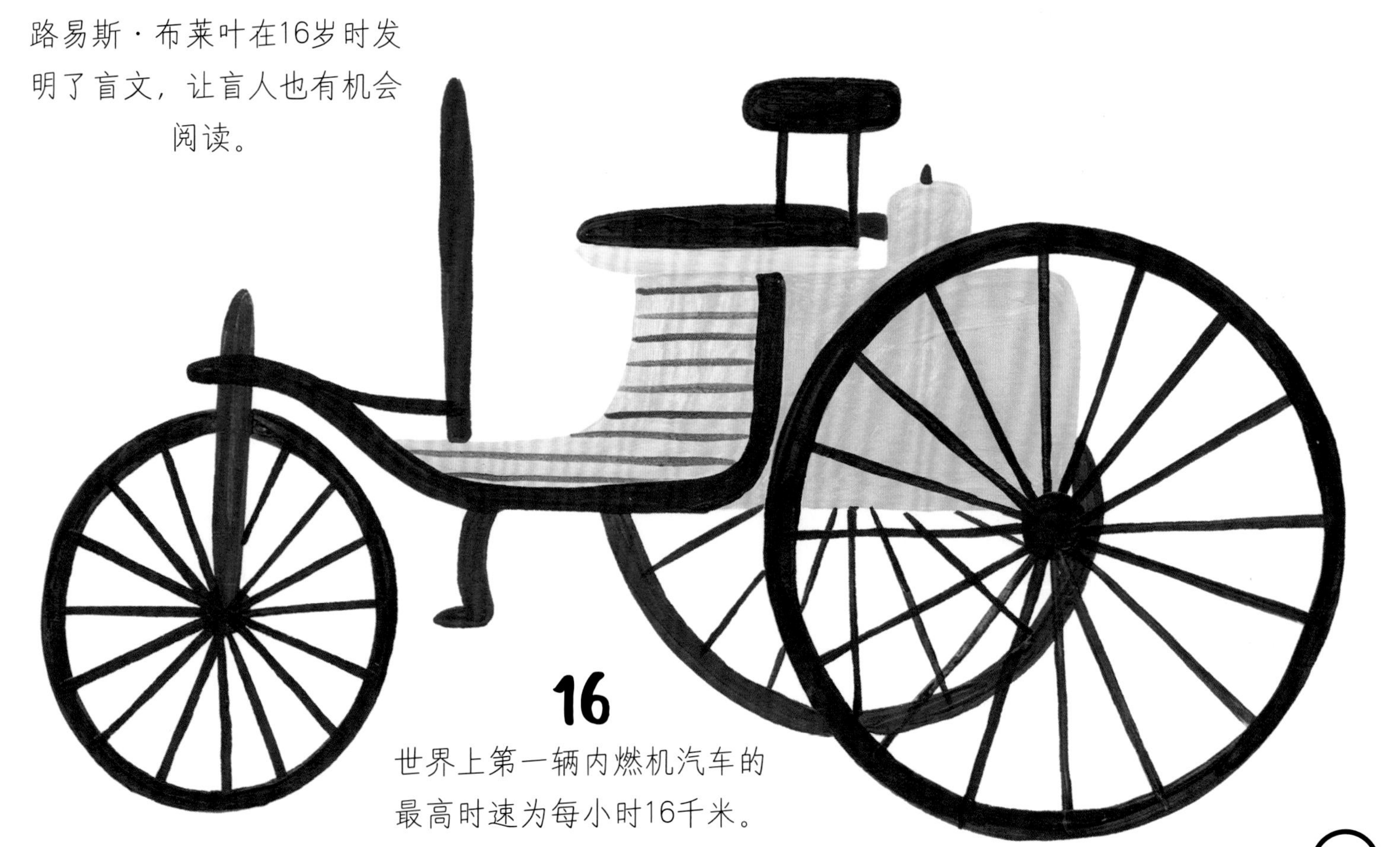

16

世界上第一辆内燃机汽车的最高时速为每小时16千米。

鼹鼠一夜能挖多长的地道？

91

鼹鼠一夜能挖91米长的地道，而鼹鼠的身长只有100～180毫米。

31

花栗鼠的脸颊可以一次性放下31粒玉米粒。

0

蚯蚓有0只眼睛、0条胳膊和0条腿。

20

犰狳能够闻到藏在地下约20厘米处的猎物的气味。

5

狐狸每胎会在地下巢穴里生约5个幼崽。

90

猫鼬群落的洞穴可能有90个不同的入口。

200

一只獾每晚可以吃掉200只虫子。

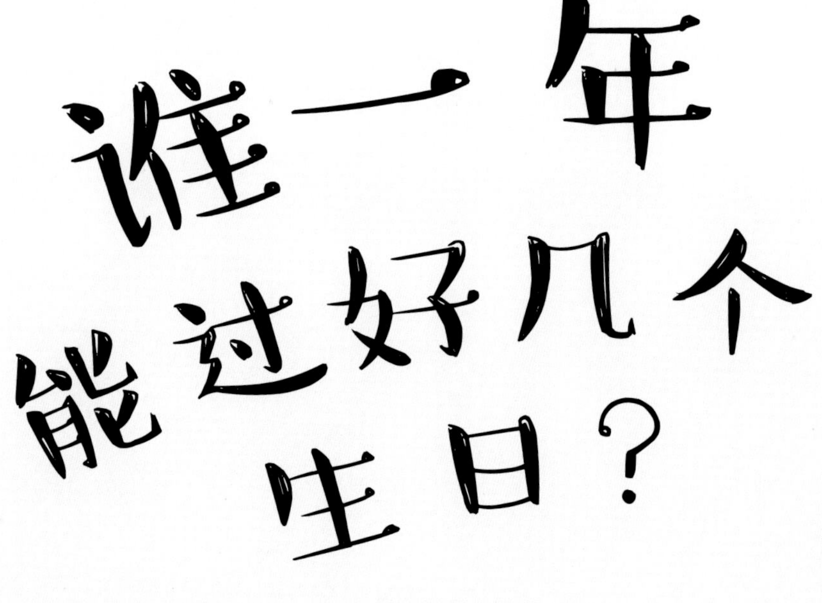

谁一年能过好几个生日？

2

英国女王每年可以过2次生日（一次是她真正的生日，一次是官方的生日）。

23

如果一个班里有23名学生，那么很可能就会有人在同一天过生日。

3

挪威有对夫妇生了三胞胎，这三个孩子是在2月29日（这个日期每四年才会有一次）出生。

46

有一个人由于在生日当天穿越了不同的时区，所以他的生日持续了46个小时。

7 500万

世界上最昂贵的生日蛋糕，造价达到了7 500万美元。

1200

世界上最大规模的同日生日派对在2016年举行，1200多名与印度总理莫迪同一天过生日的人聚集在印度苏拉特。

黑猩猩花多长时间睡觉？

10

黑猩猩每晚的睡觉时长接近10个小时。

2 000

大猩猩“科科”能理解大约2 000个英语口语单词。

300

狒狒以群为单位生活，一群狒狒最多可以有300只。

4 300

在4 300年前，聪明的黑猩猩就学会了用石头工具砸碎坚果。

54

最大的猴子是山魈，体重约54千克。

5

吼猴的叫声可以传到5千米远的地方。

12

侏儒狨猴身长只有约12厘米。

2

婆罗洲和苏门答腊岛是野生红毛猩猩仅有的2处聚居地。

芭比娃娃有多少份工作？

200

芭比娃娃有200多份工作，包括飞行员、宇航员和消防员等。

12

在使用塑料之前，蛋头先生的脑袋在12年里都是用真正的马铃薯制作的。

1300

一位澳洲男孩用4年时间做了1300只泰迪熊，给和病魔抗争的孩子们。

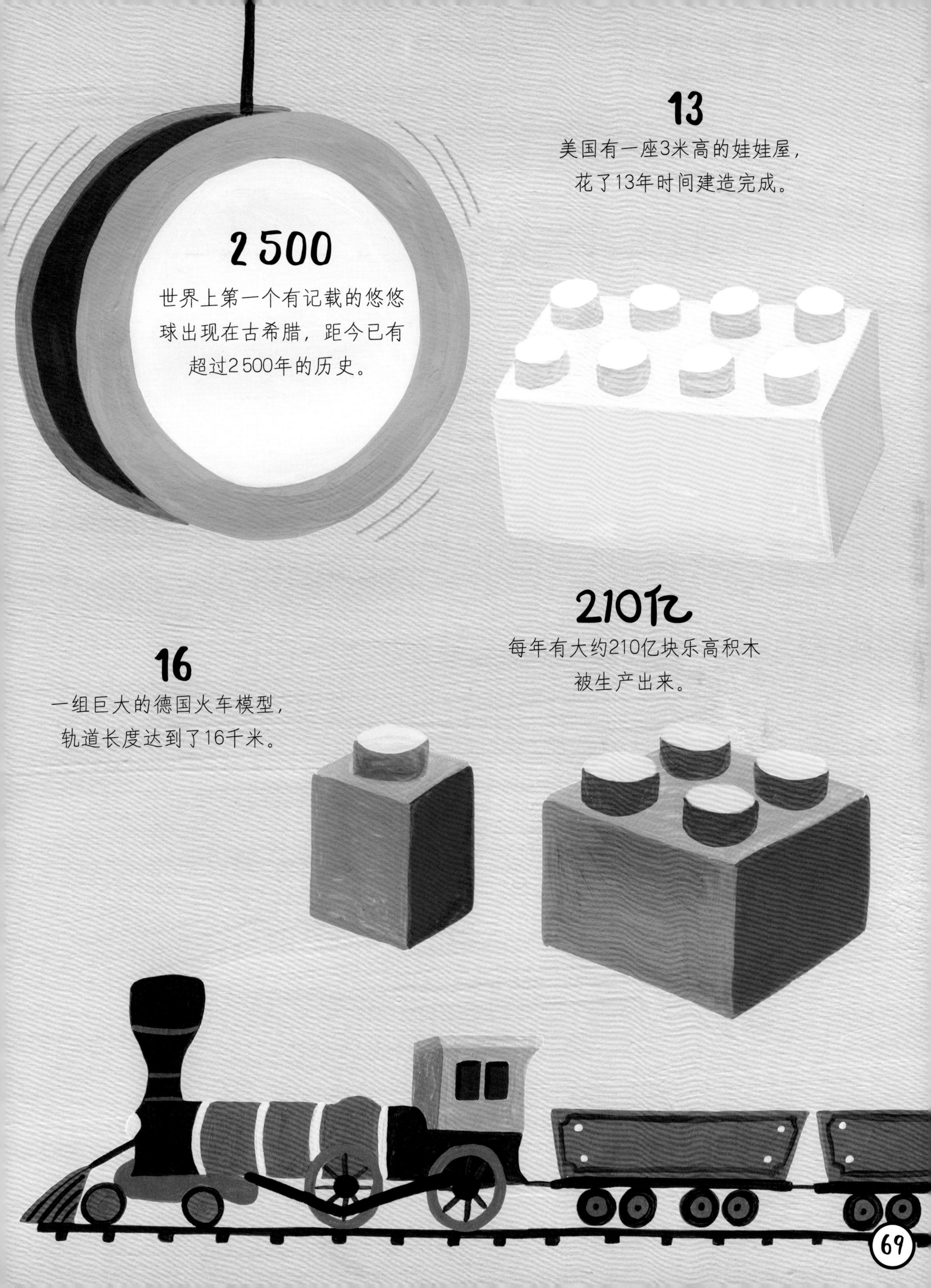
13
美国有一座3米高的娃娃屋，
花了13年时间建造完成。
2 500
世界上第一个有记载的悠悠
球出现在古希腊，距今已有
超过2 500年的历史。
210亿
每年有大约210亿块乐高积木
被生产出来。
16
一组巨大的德国火车模型，
轨道长度达到了16千米。

最高的山有多高？

8 848

珠穆朗玛峰是世界上最高的山峰，海拔约8 848米。

7

安第斯山脉穿越了南美7个国家。

36亿

世界上最古老的山脉大约有36亿年历史。

24

火星上的奥林匹斯山大约24千米高。

13

最年轻的珠穆朗玛峰征服者是13岁的乔丹·罗梅罗。

5

世界上最高的小学位于西藏的一座山上，海拔约5千米。

200 000

每年约有200 000人攀登日本著名的富士山。

1 200

南极洲的甘布尔泽夫山脉绵延1 200多千米，但被埋在3千米厚的冰层之下。

鸵鸟能跑多快？

70

鸵鸟可以以每小时70千米的速度冲刺。

10

鹈鹕的喙上有一个袋子，可以装约10升水。

12

象鸟蛋重可达12千克，象鸟目前已经灭绝。

10

小信天翁在重返陆地之前，可以在海上生活10年。

400

400只织布鸟可以
共同居住在一个
巨大的鸟巢里。

600

啄木鸟每天可以
啄树约600下。

6

世界上最小的鸟是蜂鸟，
其中一些身长只有6厘米。

270

猫头鹰的头能旋
转270度左右。

人们发现了多少座埃及金字塔？

110

目前人们发现的金字塔大约有110座。

375

包裹一具木乃伊需要用掉约375平方米布料。

700

古埃及字母表由700多个字符组成，这些字符被称为象形文字。

180 000

1890年，有180 000具
猫木乃伊从埃及运往英国
进行拍卖。

2

当宠物猫去世时，古埃及人
通常会剃去他们的2只眉毛，
以寄哀思。

70

把一具尸体制作成可以
下葬的木乃伊，通常至
少需要70天。

6 000

古代军事史上有文字记载的最早的兵车会
战之一是卡迭石战役，发生在大约3 300年
前，交战双方共有6 000辆战车参加战斗。

最小的大学生多少岁？

7

很多巴西孩子早上7点就开始上课，不过他们到午饭时间就放学了，因为巴西学校最大的特色是半日制教学。

0

日本学校里有0个保洁人员，因为所有的清洁工作都由学生自己完成。

12

印度天才少年阿克里特·贾斯瓦尔12岁时便已经开始攻读大学理科学位。

8

在法国，学校的午餐收费标准有8个档位。

90

世界上最年长的小学生是一位名叫普莉希拉的肯尼亚奶奶，她在90岁时才开始上学。

世界上最小的国家有多大？

0.44

世界上最小的国家——位于罗马的梵蒂冈城国——面积0.44平方千米。

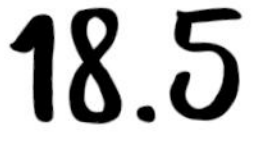

18.5

全世界大约有18.5%的人生活在中国。

840

巴布亚新几内亚有840种不同的语言。

6

要走完俄罗斯西伯利亚大铁路全程，火车需要不停地跑6天时间。

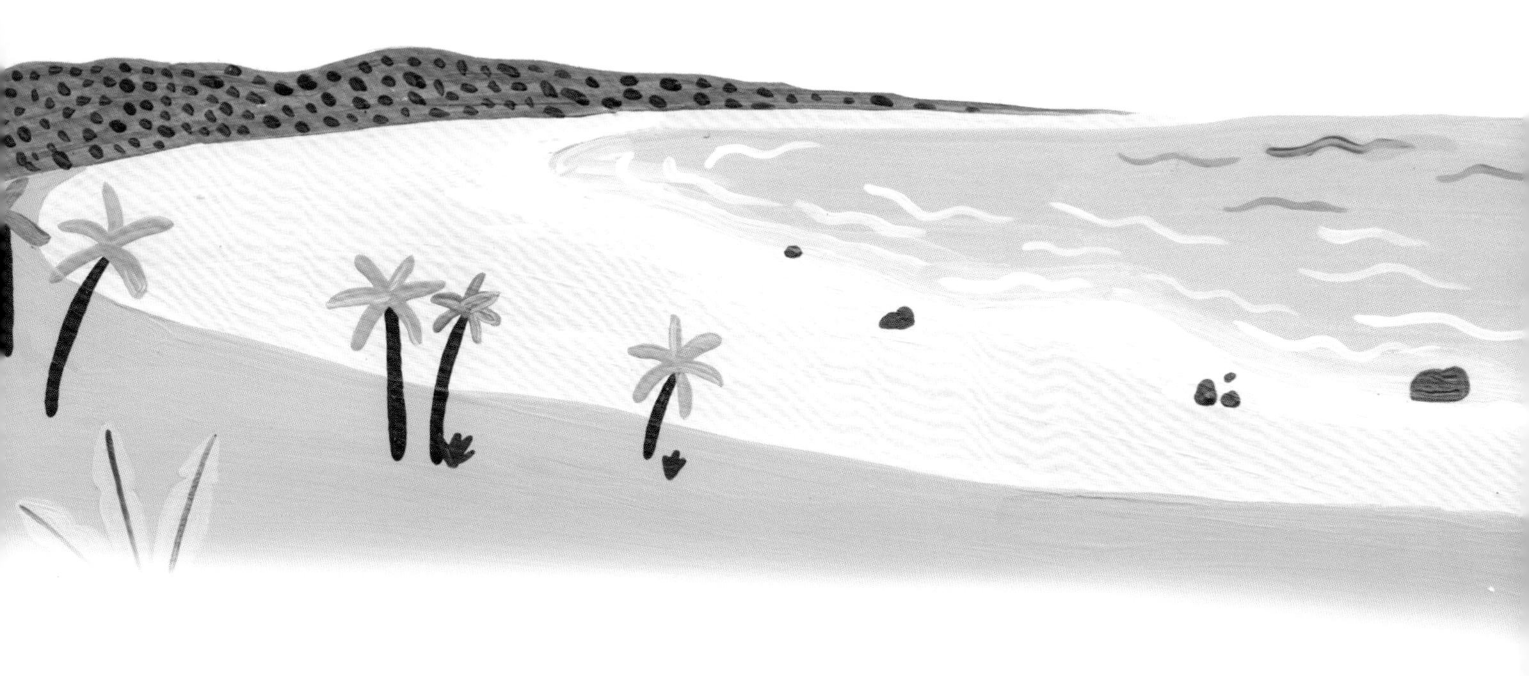

50

美国有50个州，面积最大的两个州依次为阿拉斯加和得克萨斯。

0

沙特阿拉伯境内有0条常年有水的河流和湖泊。

1/7

加拿大拥有全世界淡水总量的$\frac{1}{7}$。

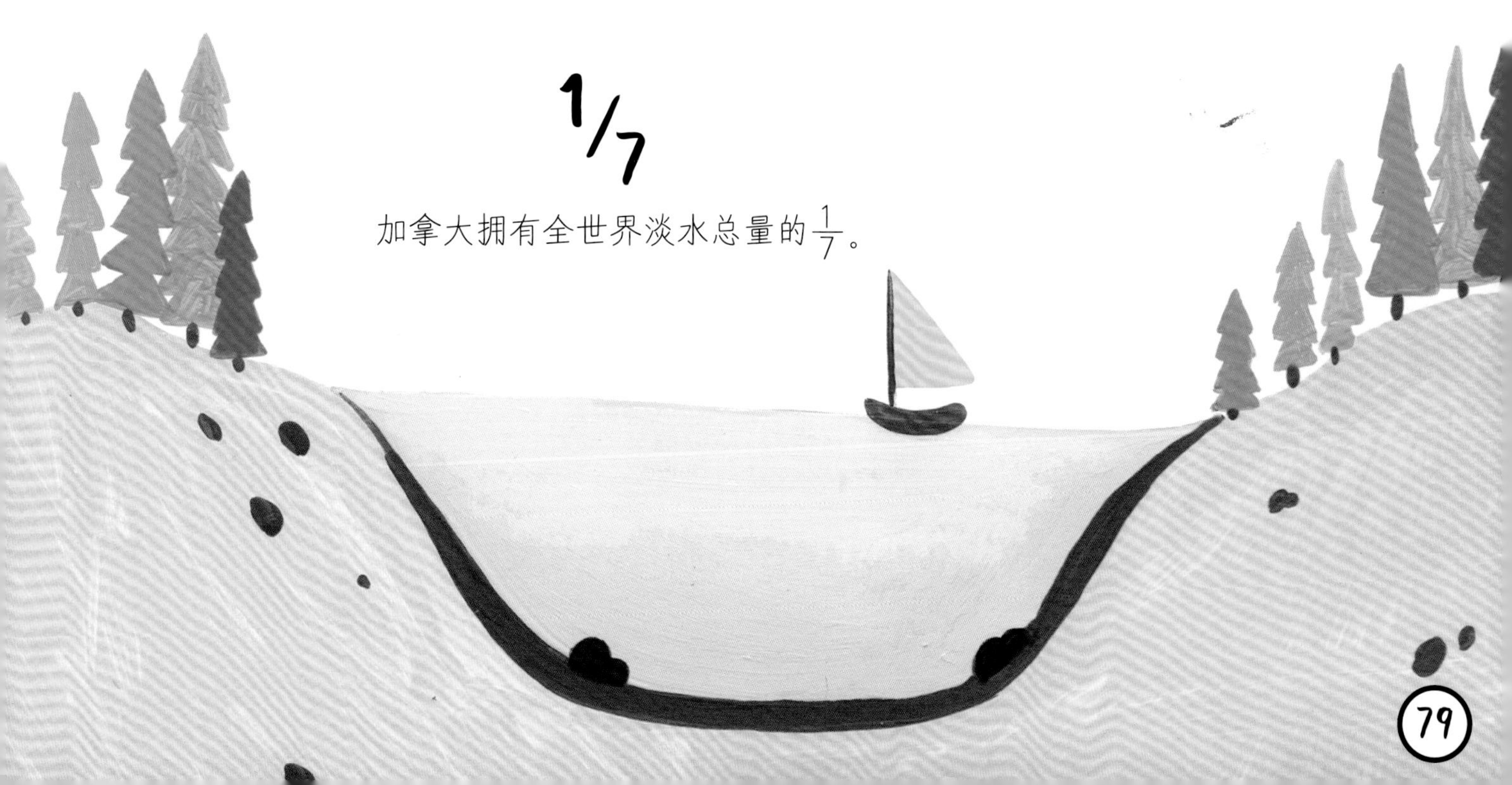

有多少动植物在雨林里生活？

50

全世界的动植物约有50%在热带雨林里生活。

2/3

婆罗洲雨林中，尚有$\frac{2}{3}$的物种待人们去研究。

100

世界上最高的雨林树木可达100多米。

6 400

流经亚马孙雨林的亚马孙河全长约6 400千米。

25

目前投入使用的药物当中，原材料来自雨林的药物大约占25%。

过山车有多快？

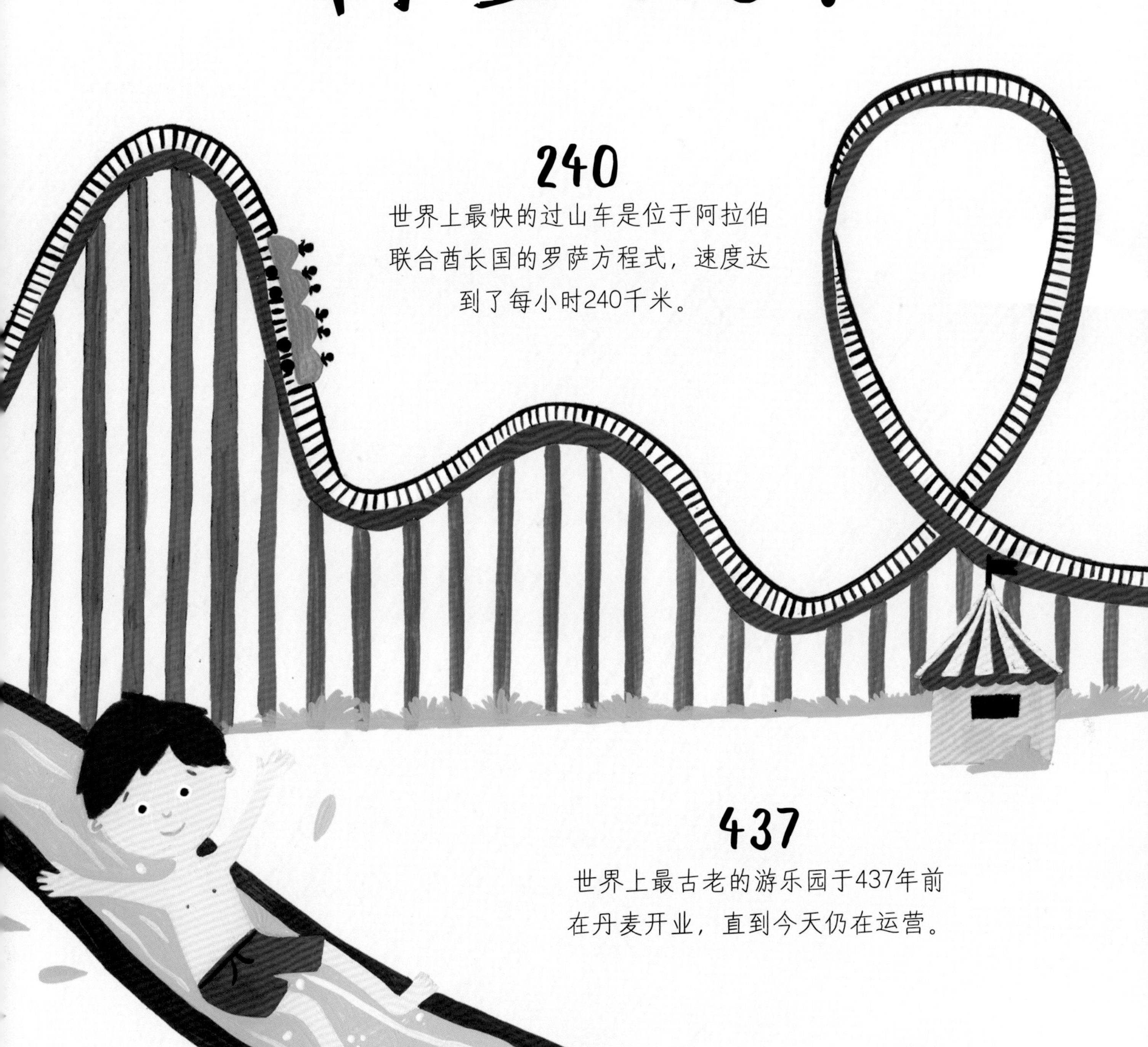

240

世界上最快的过山车是位于阿拉伯联合酋长国的罗萨方程式，速度达到了每小时240千米。

437

世界上最古老的游乐园于437年前在丹麦开业，直到今天仍在运营。

12

法国的一座游乐园拥有一头机械大象，高度为12米。

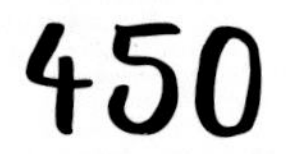

世界上最高的摩天轮高度为450米。

269

世界上最大的旋转木马在美国，里面有269种不同的动物，以及由超过20 000盏灯组成共182组的枝形吊灯。

52

澳大利亚的一名男子一连在摩天轮上转了52个小时。

161

一辆碰碰车曾创下每小时161千米的最高速度纪录。

一盒蜡笔有多少种颜色？

4

画家米开朗琪罗用了4年多时间完成了梵蒂冈城西斯廷教堂天顶上的壁画。

120

一盒蜡笔的颜色可以有120种。

10 000

已发现的人类最早最著名的美术作品，位于西班牙一个洞穴的墙壁上，距今超过10 000年历史。

1

著名画家凡·高一生只卖出过1幅画。

1900万

一个稀有的中国花瓶在拍卖会上拍出了1900万美元的价格。

1000万

每年有1000万游客前往巴黎，去欣赏著名的油画《蒙娜丽莎》。

4亿5000万

世界上最贵的画作是《救世主》，曾在拍卖会上以4亿5000万美元的价格成交。

55

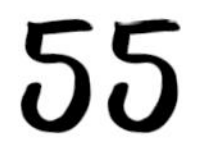

画家弗里达·卡罗一生创作了143幅作品，其中55幅是自画像。

蓝鲸的舌头有多重？

3

蓝鲸的舌头可达3吨重。

205

阿留申平鲉可以活到205岁。

60

一个成年水母的毒液可以杀死60个人。

1

海星的每条腕上都有1只眼睛，称为眼点，所以五臂海星一共有5只眼睛。

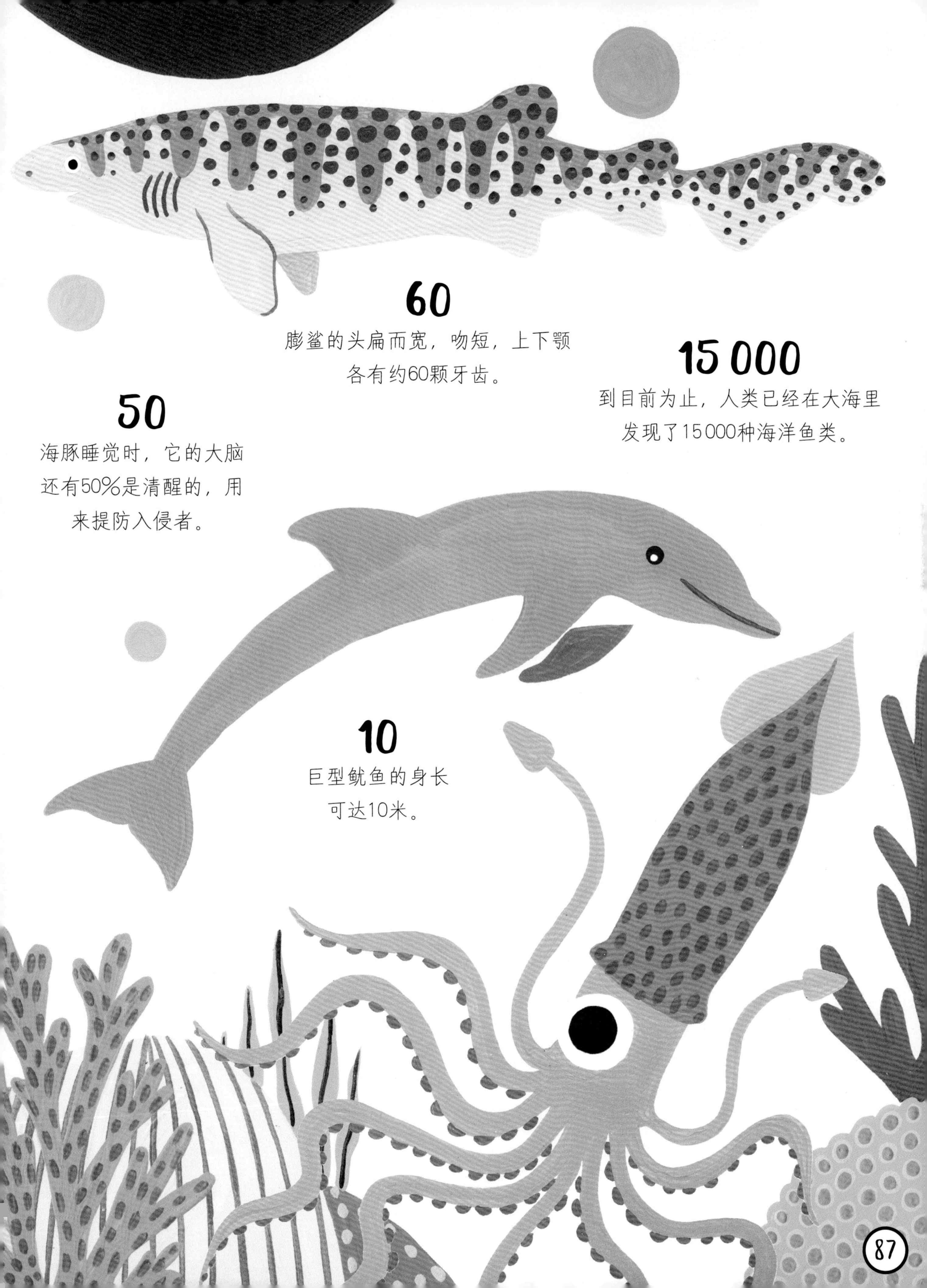

60

膨鲨的头扁而宽，吻短，上下颚各有约60颗牙齿。

15 000

到目前为止，人类已经在大海里发现了15 000种海洋鱼类。

50

海豚睡觉时，它的大脑还有50%是清醒的，用来提防入侵者。

10

巨型鱿鱼的身长可达10米。

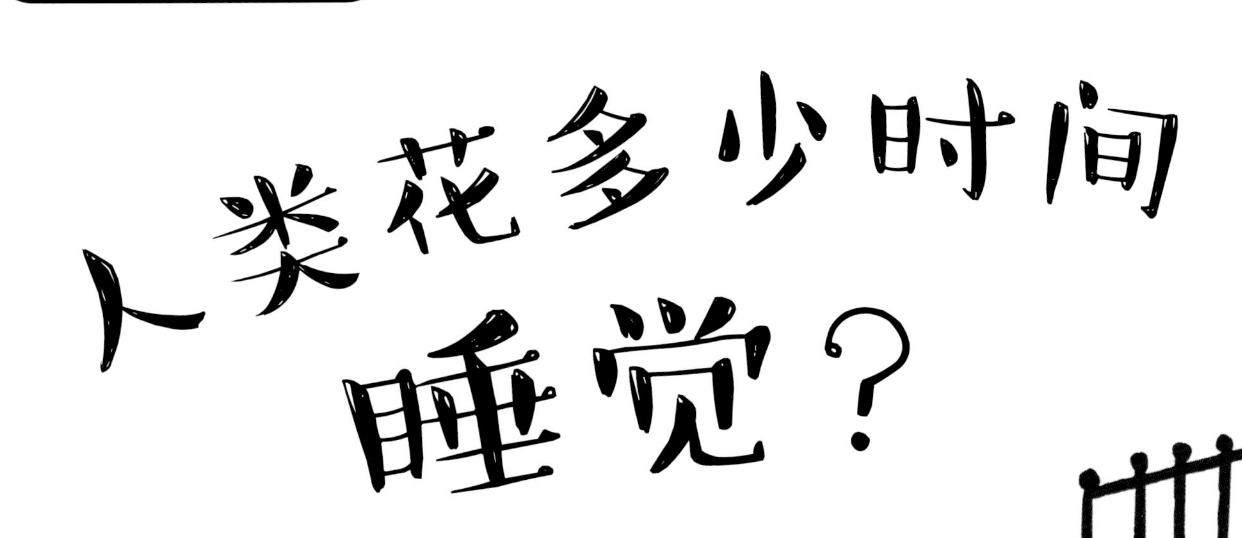

人类花多少时间睡觉？

8

成年人平均一天睡8个小时，他们一生有$\frac{1}{3}$的时间都在睡觉。

5

人类每晚大概要做5次梦。

90

人类会忘掉大约90%的梦。

5

灰棕熊每年冬眠的时间约为5个月。

20

长颈鹿每天的睡觉时间不超过20分钟，它们需要时刻提防捕食者。

18

考拉平均每天睡18个小时。

20

树懒通常被认为是世界上最懒的动物，它们在自然环境中每天要睡近20个小时。

84

海象可以连续84个小时不睡觉。

哪个国家的人最喜欢吃甜食？

10

据估算，瑞士每人每年平均会吃掉10千克巧克力。

500

德国有一家商店销售约500种不同的甘草糖。

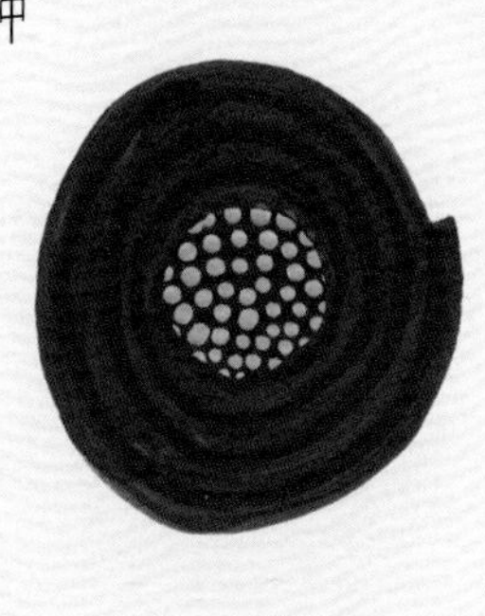

2

著名的M&M'S糖果里的2个M，分别代表两位发明者的名字：福利斯特·马尔斯（Forrest Mars）和布鲁斯·莫里（Bruce Murrie）。

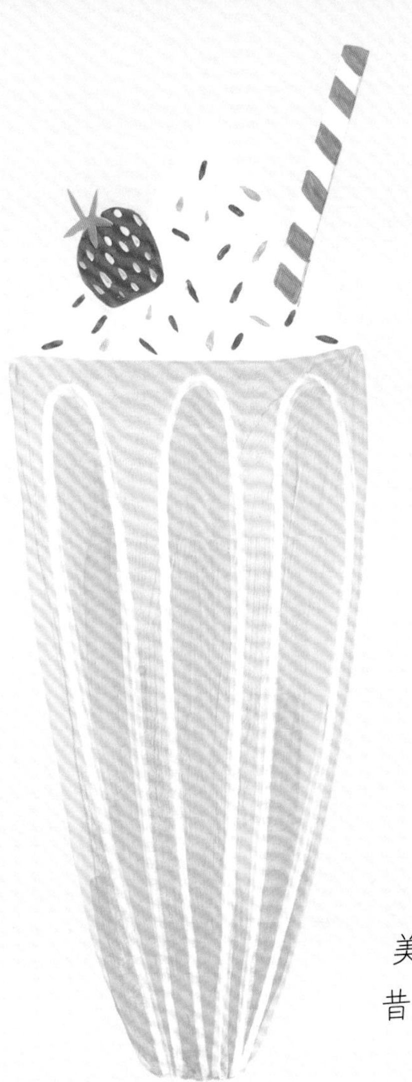

5 600

美洲原住民在5 600年前就已经开始吃爆米花了。

50 000

美国生产的一个巨型奶昔，大小相当于50 000个普通奶昔。

3

基本款冰激凌由3种配料制成，它们是：牛奶、糖和奶油。

234

美国有一座姜饼屋，高约6.4米，占地234平方米，接近一个网球场的大小。

婴儿出生时有多少块骨头？

300

婴儿有大约300块骨头，
但成年人只有206块骨头。

20

大多数人在20岁时
身高就不再增长了。

3

婴儿在大约3个月大时
可以笑出声。

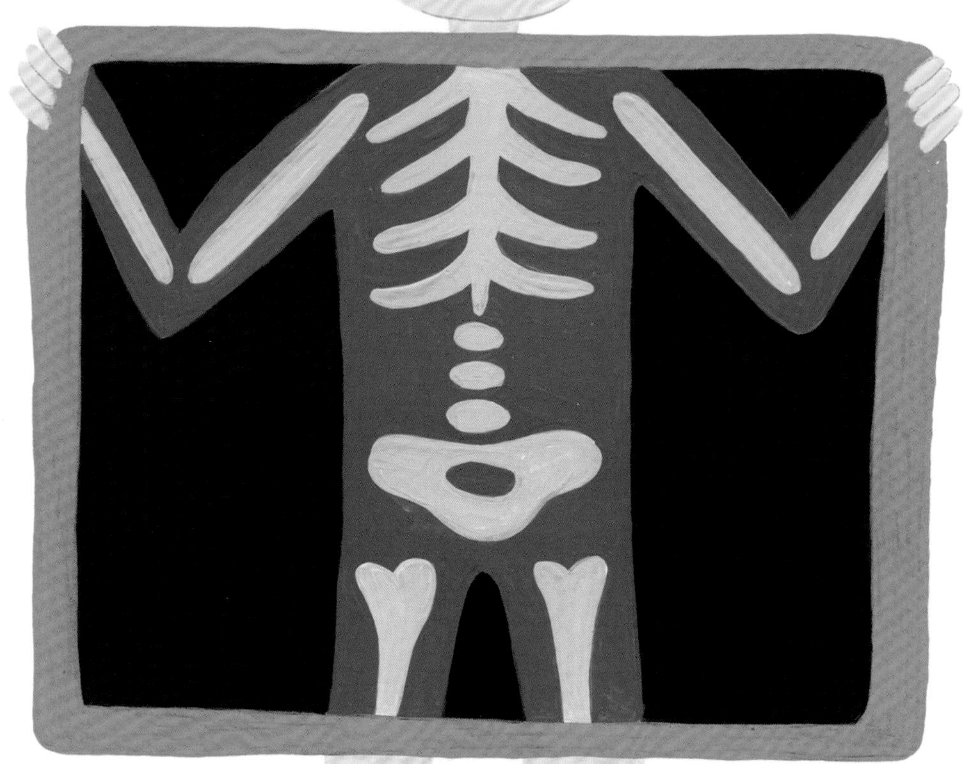

12

一个3岁的孩子正常情况下
每天要睡12个小时。

3

一般情况下，到1岁时，
孩子的体重会是他们出生
时的3倍。

73

2–6岁孩子平均每天要问
他们的父母73个问题。

20

儿童最初有20颗牙。

色子上有几个点？

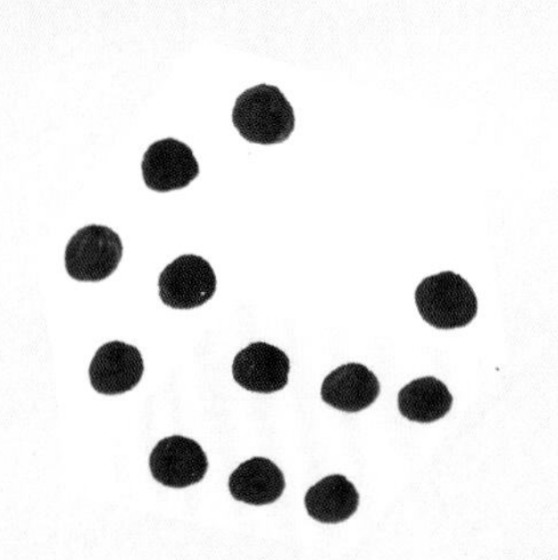

21

把色子每个面上的点数加起来，总数是21。

8

在中国，8被认为是个幸运的数字。

4

four是唯一一个字母数量和它本身的意思都是“4”的英文数字单词。

0

巴西毗拉哈部落的语言中有0个数字。

89

有个美国男人从1数到了100万，总共花了89天时间。他每天要数16个小时。

13

在很多西方国家，数字13都是非常不吉利的，所以旅馆的房间号经常会从12直接跳到14。